I0819466

Mis primeros libros de ciencia

¿Qué es un TIBURÓN?

UN LIBRO DE EL SEMILLERO DE CRABTREE

Dominic Carter
y Pablo de la Vega

Crabtree Publishing
crabtreebooks.com

Los tiburones viven en el mar.

Sus **branquias** les permiten respirar bajo el agua.

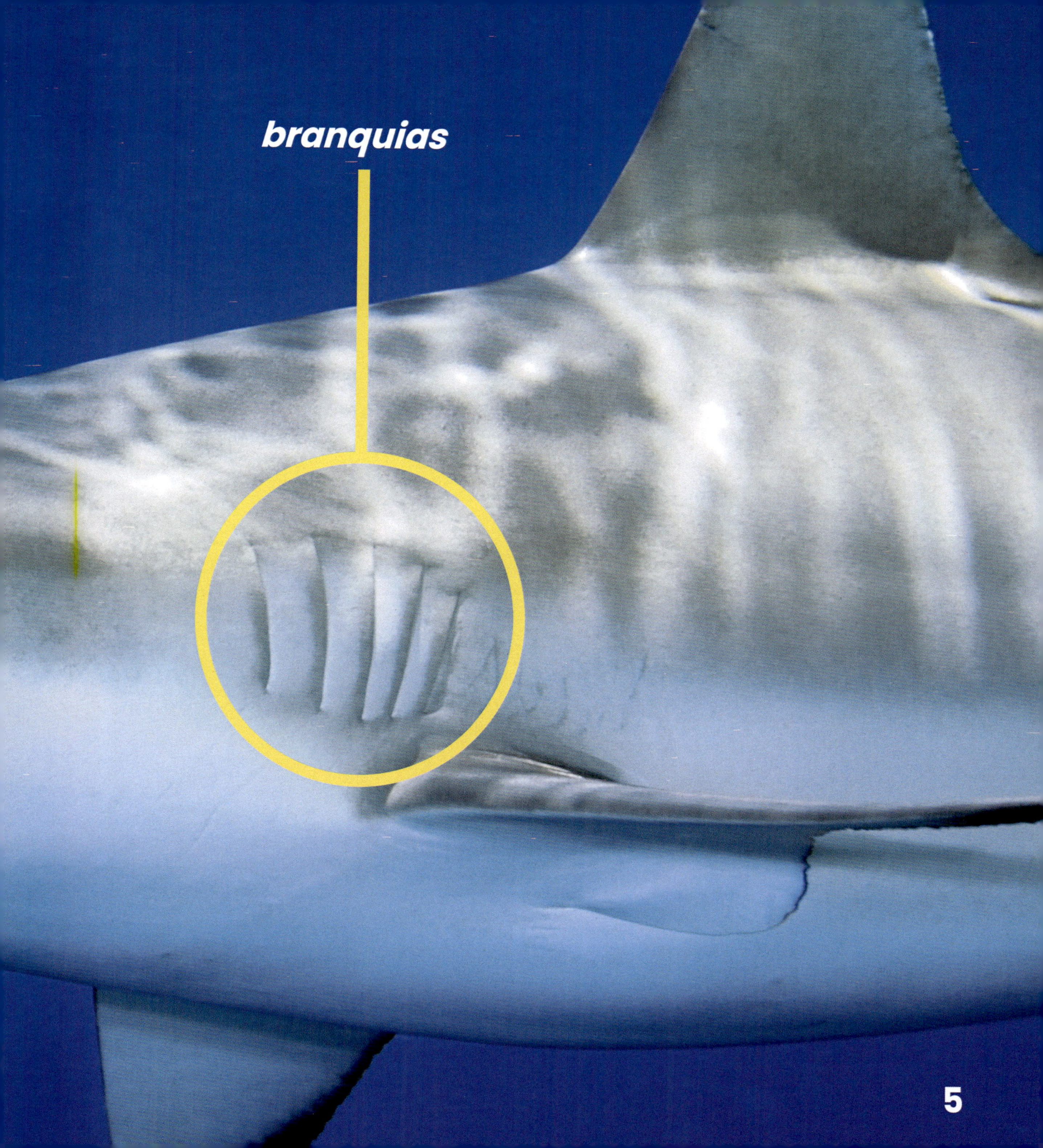
branquias

Los tiburones tienen **aletas** fuertes y duras que les ayudan a nadar rápido.

primera aleta dorsal

aleta pectoral

La piel de un tiburón está cubierta de **escamas** pequeñas en forma de diente.

La mayoría de los tiburones tienen varias hileras de dientes afilados.

Un tiburón
es un pez.

Todos los peces
tienen cosas
en común.

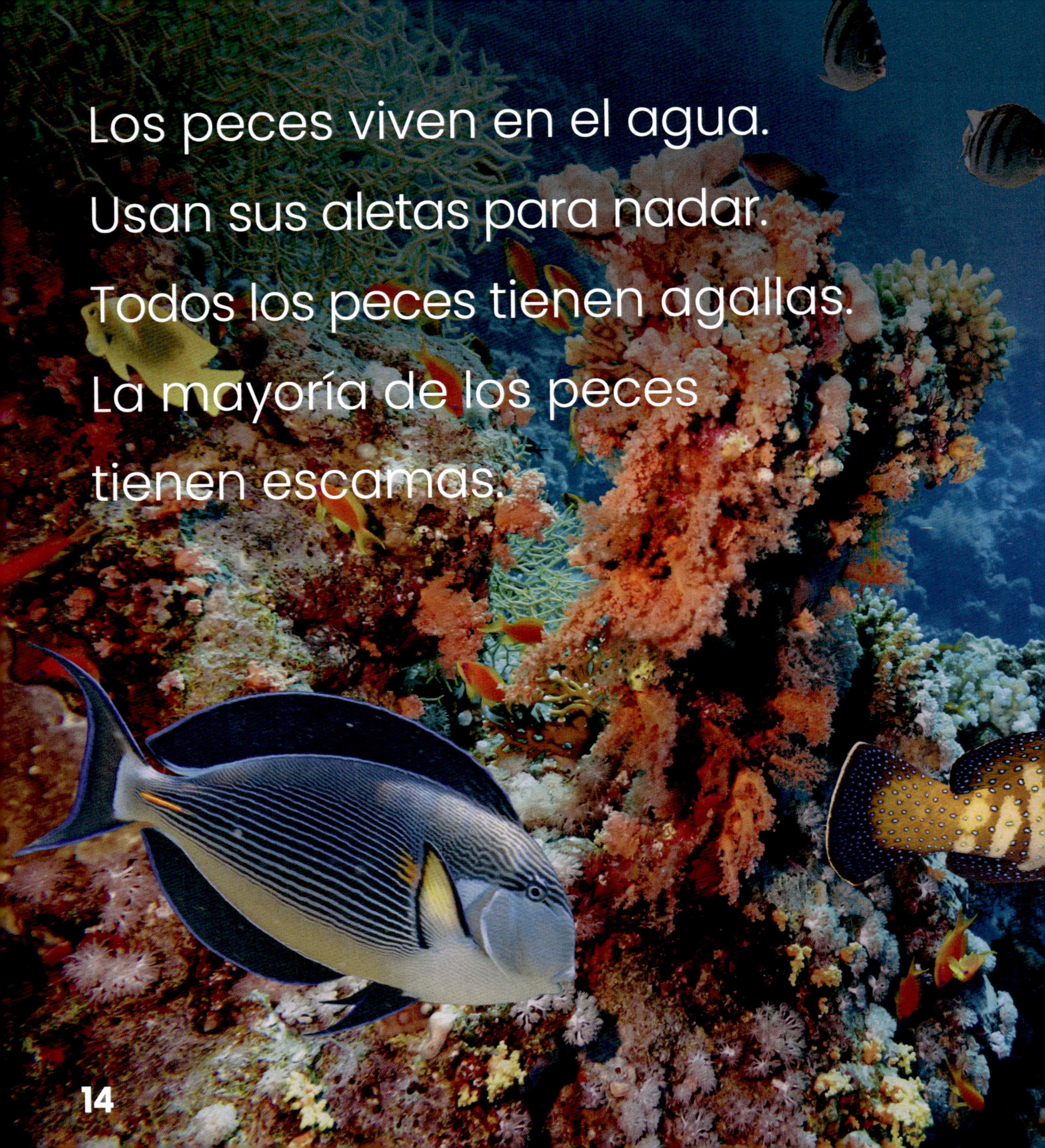

Los peces viven en el agua. Usan sus aletas para nadar. Todos los peces tienen agallas. La mayoría de los peces tienen escamas.

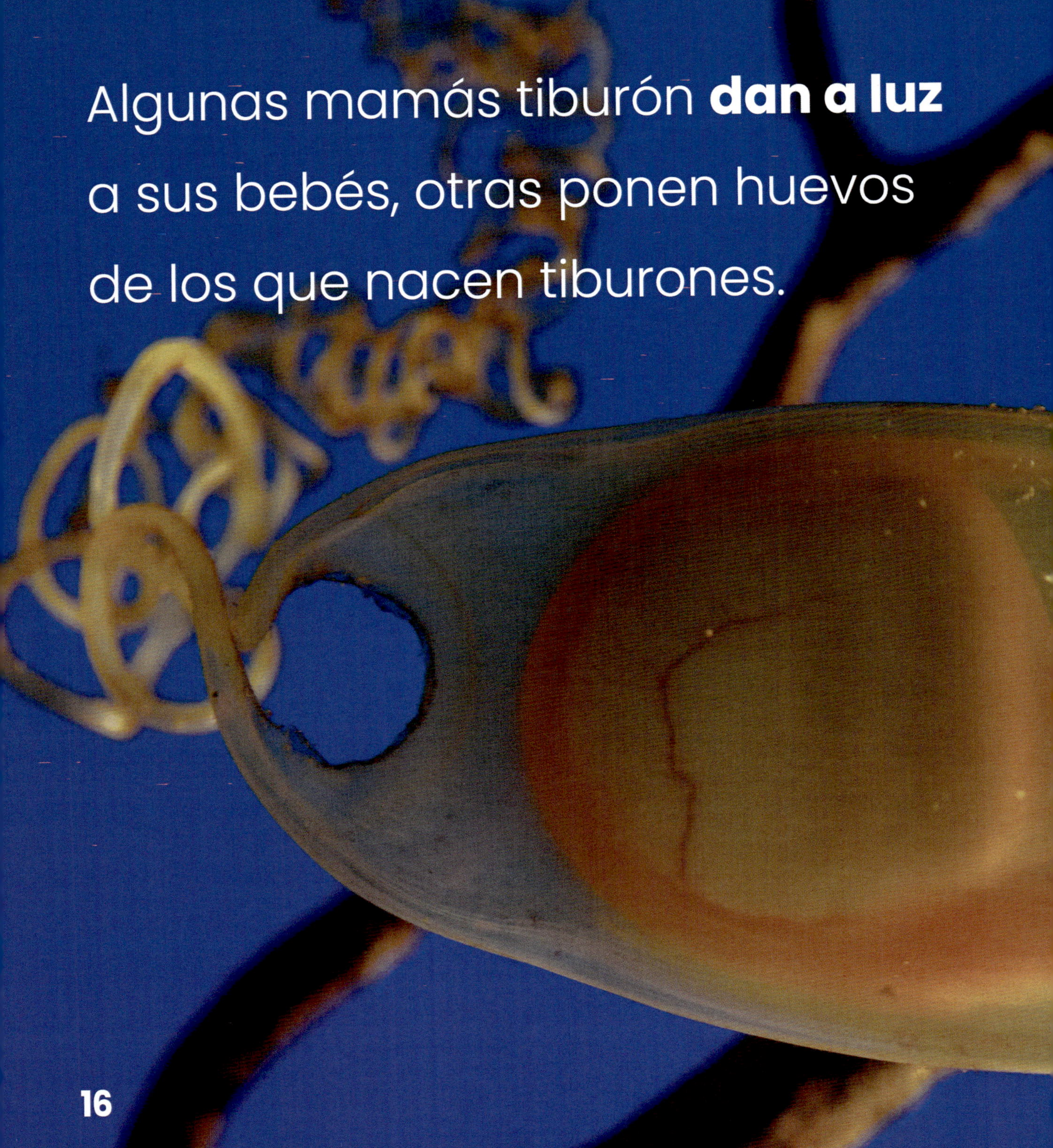

Algunas mamás tiburón **dan a luz** a sus bebés, otras ponen huevos de los que nacen tiburones.

huevo de tiburón

El tiburón ballena es el tiburón más grande.

Algunos tiburones ballena son tan grandes ¡como un autobús escolar!

Los tiburones mako
son los más rápidos.

Los tiburones mako pueden saltar muy alto: ¡hasta 20 pies (más de 6 metros)!

Glosario

aletas: Las aletas son las partes del cuerpo que los peces usan para nadar y dar vuelta.

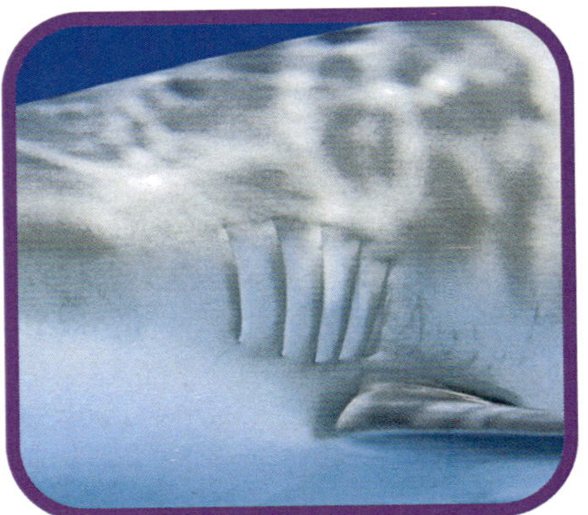

branquias: Las branquias son las partes del cuerpo que un pez usa para respirar.

dan a luz: Dar a luz significa que los bebés nacen directamente de su mamá —y no de un huevo—, después de haber crecido dentro de su vientre.

escamas: Las escamas son piezas pequeñas de piel dura que cubren el cuerpo de peces y reptiles.

pez: Un pez es un animal de sangre fría que vive en el agua y que tiene escamas, aletas y branquias.

Índice analítico

Apoyos de la escuela a los hogares para cuidadores y maestros

Los libros de El Semillero de Crabtree ayudan a los niños a crecer al permitirles practicar la lectura. Las siguientes son algunas preguntas de guía que ayudan a los lectores a construir sus habilidades de comprensión. Algunas posibles respuestas están incluidas.

Antes de leer:

- **¿De qué piensas que tratará este libro?** Pienso que este libro tratará sobre tiburones. Quizá nos enseñará qué tipos de tiburones hay.
- **¿Qué quiero aprender sobre este tema?** Quiero aprender acerca de las partes del cuerpo de un tiburón.

Durante la lectura:

- **Me pregunto por qué...** Me pregunto por qué los tiburones mako saltan en el aire.
- **¿Qué he aprendido hasta ahora?** Aprendí que los tiburones tienen branquias, aletas, escamas y dientes afilados.

Después de leer:

- **¿Qué detalles aprendí de este tema?** Aprendí que el tiburón ballena es el tiburón más grande. ¡Algunos son tan grandes como un autobús escolar!
- **Lee el libro de nuevo y busca las palabras del vocabulario.** Veo la palabra ***pez*** en la página 12 y las palabras ***dan a luz*** en la página 16. Las demás palabras del vocabulario están en las páginas 22 y 23.

Crabtree Publishing

crabtreebooks.com 800-387-7650

Print book version produced jointly with Blue Door Education in 2022

Hardcover 978-1-4271-3218-5
Paperback 978-1-4271-3229-1
Ebook (pdf) 978-1-4271-3232-1
Epub 978-1-4271-4672-4
Read-along 978-1-4271-3577-3
Audio book 978-1-4271-4671-7

Printed in Canada/062023/CPC20230627

Library and Archives Canada Cataloguing in Publication
Title: ¿Qué es un tiburón? / Dominic Carter y Pablo de la Vega.
Other titles: What is a shark? Spanish
Names: Carter, Dominic, 1985- author. | Vega, Pablo de la, translator.
Description: Series statement: Mis primeros libros de ciencia | Translation of: What is a shark? | Translated by Pablo de la Vega. | "Un libro de el semillero de Crabtree". | Includes index. | Text in Spanish.
Identifiers: Canadiana (print) 20210102136 | Canadiana (ebook) 20210102144 | ISBN 9781427132185 (hardcover) | ISBN 9781427132291 (softcover) | ISBN 9781427132321 (HTML) | ISBN 9781427135773 (read-along ebook)
Subjects: LCSH: Sharks—Juvenile literature.
Classification: LCC QL638.9 .C3718 2021 | DDC j597.3—dc23

Published in Canada
Crabtree Publishing
616 Welland Avenue
St. Catharines, Ontario
L2M 5V6

Published in the United States
Crabtree Publishing
347 Fifth Avenue
Suite 1402-145
New York, NY 10016

Author: Dominic Carter
Translation and adaptation into Spanish: Pablo de la Vega
Edition in Spanish: Base Tres

Photo credits: Cover: boy © Gelpi, shark © Matt9122, thought bubble art © doddis77; page 4-5 © Rich Carey; page 6-7 © cbpix; page 8-9 © A Cotton Photo; page 10-11 © Matt9122; page 12-13 © Greg Amptman; page 14-15 © Gelpi, thought bubble art © doddis77; page 16-17 © magnusdeepbelow; page 18-19 © Alessandro De Maddalena; All photos from Shutterstock.com except inset photo page 11 © Pascal Deynat/Odontobase; https://creativecommons.org/licenses/by-sa/3.0/deed.en ; page 20-21 © Sander van der Wel from Netherlands https://creativecommons.org/licenses/by-sa/2.0/deed.en

Library of Congress Cataloging-in-Publication Data
Names: Spencer, Francis, 1973- author.
Names: Carter, Dominic, 1985- author.
Title: ¿Qué es un tiburón? / Dominic Carter y Pablo de la Vega.
Other titles: What is a shark? Spanish
Description: New York : Crabtree Publishing, 2021. | Series: Mis primeros libros de ciencia - un libro de el semillero de Crabtree | Includes index. | Audience: Ages 5-7 | Audience: Grades K-1 | Summary: "Sharks swim the ocean looking for food. But just what makes a shark, a shark? This book explains to children the important science concept that different kinds of fish can have different body parts"-- Provided by publisher.
Identifiers: LCCN 2020058060 (print) | LCCN 2020058061 (ebook) | ISBN 9781427132185 (hardcover) | ISBN 9781427132291 (paperback) | ISBN 9781427132321 (ebook) | ISBN 9781427135773 (epub)
Subjects: LCSH: Sharks--Juvenile literature.
Classification: LCC QL638.9 .C328518 2021 (print) | LCC QL638.9 (ebook) | DDC 597.3--dc23
LC record available at https://lccn.loc.gov/2020058060
LC ebook record available at https://lccn.loc.gov/2020058061

Mis primeros libros de ciencia

¿Qué es un tiburón?

Los títulos de esta serie:

Los tiburones surcan los mares cazando. Buscan comida todo el tiempo. Pero, ¿qué hace que un tiburón sea un tiburón? Se trata de un concepto científico fundamental que todos deben conocer.

NLG: F

Crabtree Publishing
crabtreebooks.com